BEI GRIN MACHT SICH IHR
WISSEN BEZAHLT

- Wir veröffentlichen Ihre Hausarbeit,
  Bachelor- und Masterarbeit

- Ihr eigenes eBook und Buch -
  weltweit in allen wichtigen Shops

- Verdienen Sie an jedem Verkauf

Jetzt bei www.GRIN.com hochladen
und kostenlos publizieren

Waldemar Löffler

Unterrichtsstunde: Wahrscheinlichkeit (Mathematik)

GRIN Verlag

Bibliografische Information der Deutschen Nationalbibliothek:

Die Deutsche Bibliothek verzeichnet diese Publikation in der Deutschen National-
bibliografie; detaillierte bibliografische Daten sind im Internet über http://dnb.d-
nb.de/ abrufbar.

Impressum:

Copyright © 2012 GRIN Verlag GmbH
Druck und Bindung: Books on Demand GmbH, Norderstedt Germany
ISBN: 978-3-656-31463-9

Dieses Buch bei GRIN:

http://www.grin.com/de/e-book/204570/unterrichtsstunde-wahrscheinlichkeit-
mathematik

GRIN - Your knowledge has value

Der GRIN Verlag publiziert seit 1998 wissenschaftliche Arbeiten von Studenten, Hochschullehrern und anderen Akademikern als eBook und gedrucktes Buch. Die Verlagswebsite www.grin.com ist die ideale Plattform zur Veröffentlichung von Hausarbeiten, Abschlussarbeiten, wissenschaftlichen Aufsätzen, Dissertationen und Fachbüchern.

Besuchen Sie uns im Internet:

http://www.grin.com/

http://www.facebook.com/grincom

http://www.twitter.com/grin_com

Wahrscheinlichkeit
Ausführlicher Unterrichtsentwurf

24.07.2012

Waldemar Löffler

Tagespraktikum II
Mathematik

Klasse: 1a

9.40 Uhr – 10:25 Uhr

Inhalt

1. Bedingungsanalyse 3

   1.1. Institutionelle Bedingungen 3

   1.2. Eigenschaften der Schüler 3

2. Sachanalyse 4

3. Didaktische Analyse 6

   3.1. Bezug zum Bildungsplan 6

   3.2. Auswahl des Unterrichtsgegenstandes 7

   3.3. Alltagsbezug und Zukunftsperspektive 8

4. Unterrichtsziele 8

5. Methodische Analyse 8

   5.1. Einstieg 8

   5.2. Arbeitsauftrag 9

   5.3. Arbeitsphase 10

   5.4. Reflexion 11

   5.5. Hausaufgabe 12

6. Unterrichtsskizze 13

7. Reflexion 16

   7.1. Persönlicher Eindruck 16

   7.2. Planung 16

   7.3. Lehrer-Schüler-Interaktion 16

   7.4. Medieneinsatz 16

   7.5. Lehrerauftreten 17

   7.5.1. Körpersprache 17

   7.5.2. Sprechweise 17

   7.6. Nächste Stunde 17

8. Literaturangaben 18

   8.1. Literaturquellen 18

8.2.   Internetquellen 18

9. Anhang 19

1   Aufgabe: Würfel 30-mal und mache zu den Ergebnissen eine Strichliste...... 21

1. Versuch.. 21

2. Versuch.. 21

3. Versuch.. 22

4. Versuch.. 22

Papierwürfel für Reflexion 24

1. Bedingungsanalyse

1.1. Institutionelle Bedingungen

Die Uhlandschule in Kornwestheim ist ein großer Schulkomplex, der neben der Grundschule auch eine Hauptschule einschließt. Durch die Weiterentwicklung und Investition in die Schule sind viele Möglichkeiten zur Gestaltung des Unterrichts gewährleistet, die in modernen Schulen wegen Sparmaßnahmen in der Bauplanung nicht vorhanden sind. Die große Fläche des Schulgebäudes bietet neben den geräumigen Klassenzimmern auch einen separaten Pausenhof mit einem Spielplatz und Spielflächen. Der Lehrperson ist es dadurch gestattet Pausen nach eigenem Ermessen festzulegen und den Unterrichtsverlauf nicht stören zu lassen.

Frau Winkler ist die Klassenlehrerin der Klasse 1a. Diese besteht aus 19 Schülern. Sieben Mädchen und zwölf Jungen.

Die Ausstattung des Klassenzimmers beinhaltet folgende relevante Medien: Tafel, Magnete, Rechenchips und Klangstab. Einige unterrichtsspezifische Materialien müssen selbst mitgebracht werden. Die Tische sind verschiebbar. Dadurch ist die Realisierung unterschiedlicher Sozialformen (z.b. Gruppengespräch im Stuhlkreis) möglich. Im hinteren Bereich des Klassenzimmers sind viele weitere Lehrmaterialien platziert. Deshalb ist es notwendig den vorhandenen Platz planvoll zu nutzen.

1.2. Eigenschaften der Schüler

Im Laufe des Tagespraktikums hat sich herausgestellt, dass das Leistungsniveau der Klasse sehr unterschiedlich ist und oft mit differenzierten Materialien gearbeitet werden muss. Phillip, Sven Jannick und Jassim gehören zu den starken Schülern in Mathematik. Jassim arbeitet sehr schnell und zielgerichtet, verliert aber den Mut, wenn er nicht schnelle Ergebnisse erreicht. Jannick ist sehr präsent in der Klasse und kann die meisten Aufgabestellungen sehr schnell nachvollziehen. Phillip ist zwar sehr jung und fällt oft durch seine kindlichen Verhaltensweisen auf, überzeugt jedoch trotzdem deutlich durch seine schnelle Auffassungsgabe in mathematischen Bereichen. Sven hat ebenfalls einen stark ausgeprägten Sinn für mathematische Inhalte, weist aber Schwächen in Textverständnis auf. Die Kinder befinden sich in unterschiedlich weiten

Entwicklungsstadien und kleine Vorfälle, die zu Unterrichtsunterbrechungen führen, widerfahren immer wieder. Einige Schüler weisen starke Konzentrationsprobleme und Lernschwächen auf. Ben fällt oft durch seine übermäßig fehlende Mitarbeit auf. Viele Anstrengungen sind notwendig um ihn abzuholen. Keila, Raphail und Katharina weisen ähnliche Anzeichen auf. Patrizia ist oft von der Aufgabenmenge überwältigt und arbeitet sehr kleinschrittig. Bei Mika, Max und Andisheh wird oft sichtbar, dass sie große Probleme mit dem Kopfrechnen haben und häufig ihre Finger oder andere Hilfsmittel einsetzen müssen. Trotzdem kann grundlegend von einer erwartungsvollen und lernbereiten Einstellung der Schüler gesprochen werden. Sie adaptieren neue Elemente und lassen sich auf unbekannte Arbeitsmethoden ein. Gelegentlich muss für Ruhe gesorgt werden und ungestüme Schüler, wie z.B. Jassim, zurechtgewiesen werden.

2. Sachanalyse

In dieser Sachanalyse sind die mathematisch relevanten Bereiche der Wahrscheinlichkeit herausgearbeitet.

Wahrscheinlichkeit ist definiert als das Verhältnis aller günstigen Ereignisse zur Anzahl aller möglichen Ereignisse (vgl. Schipper 2009, Seite 276). Daraus ergibt sich folgende Formel von Laplace:

$$P(E) = \frac{Anzahl\ der\ g\ddot{u}nstigen\ Ergebnisse}{Anzahl\ der\ m\ddot{o}glichen\ Ergebnisse}$$

Quelle: Schipper 2009, Seite 276.

Anhand eines Beispiels soll die Laplace-Regel verdeutlicht werden:

„Wie groß ist die Wahrscheinlichkeit, die Zahl 4 zu Würfeln?"

Geht man von einem sechsseitigen ungezinkten Spielwürfel aus, ergeben sich daraus genau sechs Möglichkeiten ein Ergebnis zu werfen. Es gibt hingegen nur eine Möglichkeit die „4" zu würfeln. Somit ergibt sich folgende Rechnung:

$$P(E) = \frac{1}{6}\ bzw.\ P(E) = 0{,}1\bar{6}\%\ Eintreffwahrscheinlichkeit$$

Quelle: ergibt sich aus Laplace-Formel

Dies gilt für die einfachste Form der Wahrscheinlichkeit → „klassische Definition" (vgl. Schipper 2009, Seite 276).

Kommen weitere Faktoren hinzu, müssen andere Hilfsmittel hinzugezogen werden.

[Bsp. weiterer Faktoren: mehrere Gegenstände; mehrmalige Anwendung; Wegnehmen gezogener Gegenstände]

Die **Stochastik** *(von altgriechisch „Kunst des Mutmaßens")* besagt, dass der Wahrscheinlichkeitsrechnung das „Gesetz der großen Zahlen" zu Grunde liegt. Bei einem Zufallsexperiment stabilisiert sich die relative Häufigkeit mit zunehmender Anzahl der Wiederholungen (vgl. Schnell 2011, Seite 9). Eine statistische Analyse ist umso aussagekräftiger, je mehr Versuche unternommen wurden und strebt einen Grenzwert $\lim x$ an.

Für alle Versuche in der Wahrscheinlichkeitsrechnung gelten folgende Prinzipien:

- Unter den exakt gleichen Bedingungen beliebig oft wiederholbar
- Es gibt mindestens zwei mögliche Ergebnisse
- Ergebnisse vor der Versuchsdurchführung nicht genau vorhersagbar (vgl. Böhm 2006, Seite 3)

Ziel der Wahrscheinlichkeitsrechnung ist es, Prognosen aufzustellen, ob ein Ereignis eintritt bzw. die Frage zu beantworten wie groß die Gefahr oder die Chance ist, dass ein Ereignis eintritt. Dabei wird Häufigkeit folgendermaßen unterschieden:

- Die **absolute Häufigkeit** H ist die Anzahl, wie oft ein bestimmtes Ereignis aufgetreten ist
- Die **relative Häufigkeit** h ist der Quotient aus der absoluten Häufigkeit eines Ereignisses und der Zahl der Einzelexperimente

$$h = \frac{H}{n} = \frac{absolute\ Häufigkeit}{Versuchsanzahl}$$

In Anlehnung an die Stochastik herrschen weit verbreitete Irrtümer. Glücksspieler gehen z.b. oft von einer absoluten Gleichverteilung aus. Wenn beim „Münzenwurf" viermal hintereinander „Kopf" geworfen wurde, wird davon ausgegangen, dass die

Wahrscheinlich eine „Zahl" zu werfen höher ist, weil diese aufholen muss. Demgegenüber steht jedoch die relative Häufigkeit, die besagt, dass bei mehrmaliger Wiederholung der Quotient sich immer stärker dem Erwartungswert annähert. Nach den ersten vier Würfen liegt die relative Häufigkeit bei 100%. Würde man aber noch 1000-mal werfen, so würden die ersten vier Würfe in den Hintergrund rücken und der Erwartungswert angestrebt.

Die **Kombinatorik** ist ein Teilgebiet der Wahrscheinlichkeit. Die Berechnung von Wahrscheinlichkeiten ist sehr häufig mit kombinatorischen Problemen verknüpft. Durch den Ansatz der Kombinatorik kann man komplexe Berechnungen, wie z.b. die Gewinnchance im Lotto, durchführen (vgl. Henke 2004). Je mehr unterschiedliche Objekte in der Untersuchung enthalten sind, desto mehr Kombinationsmöglichkeiten gibt es. Es gilt:

*Für **k** Objekte gibt es **k!** Möglichkeiten*

Folgende Formel gibt Auskunft für die Anzahl *A* der Möglichkeiten, *k* Elemente aus *N* Elementen der Ausgangsmenge (vgl. Schipper 2009, Seite 278).

$$A = \frac{N!}{(N-k)!}$$

3. Didaktische Analyse

3.1. Bezug zum Bildungsplan

Nicht alle elementaren Sachverhalte der Wahrscheinlichkeitsrechnung sind im Bildungsplan explizit erwähnt. Trotzdem weisen viele Passagen hilfreiche Anregungen auf.

„Beim Forschen und Fragen, beim Untersuchen und Entdecken, beim Ordnen, Vergleichen, Analysieren und Dokumentieren erwerben die Kinder elementare mathematisch-naturwissenschaftliche Kompetenzen" (Bildungsplan 2004, Seite 55).

Gemäß dieser Aussage werden grundlegende Kompetenzen eingefordert, die im Rahmen dieser Unterrichtseinheit verwirklicht werden. Durchgeführte Experimente müssen analysiert und eingeordnet werden. Solche Vorgehensweisen sind Teil des entdeckenden und erforschenden Lernens. Zudem werden konkrete Ereignishäufigkeiten verglichen und dokumentiert.

Unter der Überschrift „Daten, Häufigkeit und Wahrscheinlichkeit" (KMK 2004, Seite 11) lassen sich weitere Inhalte auf den Unterricht beziehen:

„in Beobachtungen, Untersuchungen und einfachen Experimenten Daten sammeln, strukturieren und in Tabellen, Schaubildern und Diagrammen darstellen" sowie „(...) Informationen entnehmen". Da in Klasse 1 viele Kompetenzen noch nicht erlernt sind, wird auf statistische Diagramme im Unterricht verzichtet. Trotzdem werden Daten gesammelt und Informationen geordnet und gewertet.

3.2. Auswahl des Unterrichtsgegenstandes

Der Zeitraum von 45 Minuten schränkt die Umsetzung vieler Inhalte und Methoden stark ein und verlangt die Fokussierung auf wenige wesentliche Aspekte. Alle mathematischen Inhalte werden an Hand des **Spielwürfels** veranschaulicht und erklärt. Weitere Alternativen sind in der methodischen Analyse nachzulesen. Auf Grund der wenigen Vorerfahrungen der Kinder mit der Sache Wahrscheinlichkeit, stehen erste Erfahrungen und die subjektiven und intuitiven Vorstellungen im Vordergrund. Wahrscheinlichkeits*rechnung* spielt keine Rolle.

Vermutlich sind viele Auffassungen der Kinder mit irrtümlichen Denkweisen behaftet. „**Availability heuristic**" (Wagner 2011, Seite 1) ist das Phänomen, wenn Kinder aus ihrer Erfahrung heraus Annahmen treffen. Z.B. wird die Zahl „6" als sehr schwierig eingestuft, weil diese in Würfelspielen einen starken Charakter hat. Um diesen Aberglauben zu durchbrechen sind viele Versuche nötig, welche die Wertigkeit der Zahlen und ihre Gleichverteilung veranschaulichen und ordnen. In der Umsetzung der Experimente kann ein weiteres Phänomen auftreten, das die Durchdringung der Sache erschweren kann: „**representativeness heuristic**" (Wagner 2011, Seite 1). Werden wenige Wiederholungen ausgeführt, kann eine schnelle Interpretation der Ergebnisse wiederrum zu falschen Vorstellungen führen. Dem kann entgegengewirkt werden, indem viele Dokumente gesammelt und zu einer Gesamtaussage zusammengefasst werden. Je höher die Anzahl der Versuche, desto mehr entspricht die absolute Häufigkeit der relativen Häufigkeit und somit dem gewünschten Wert.

3.3. Alltagsbezug und Zukunftsperspektive

Im Alltag begegnen Grundschüler oft und in vielen Situationen der Wahrscheinlichkeitsthematik. Jedoch wird selten oder gar nie ihre Bedeutung wahrgenommen und noch seltener damit gerechnet. Gesellschaftsspiele und Würfelspiele haben festgelegte Regeln, die Ereignisse vorhersagbar machen. Von Würfelkombinationen bis zu Spielkarten gibt es recht einfache aber auch komplexe Wahrscheinlichkeitsrechnungen. Die Kombinatorik, als Teilgebiet der Wahrscheinlichkeit, trägt elementare Denkstrukturen mit sich, die im Leben zu tragen kommen. Z.B. „Wie viele Kombinationen für die Einteilung der Gruppen gibt es?" oder „Wie viele verschiedene Flaggen mit drei verschiedenfarbigen Streifen kann man mit fünf Farben entwerfen?" Um später schnell und sicher Aussagen machen zu können muss die Grundlage der Wahrscheinlichkeit schon frühzeitig sensibilisiert werden. Erste Erfahrungen und eine intuitive Wahrnehmung öffnen für spätere komplexere Sachverhalte die Türen.

4. Unterrichtsziele

Als Einführung in ein neues Gebiet der Mathematik sollten erste Erfahrungen und ein „sich ausprobieren" im Vordergrund stehen. Zu vielschichtige Inhalte erzeugen Verwirrung und verschließen den Zugang zum Thema. Aus diesem Grund lautet die Intension für den Unterricht:

- Wahrscheinlichkeiten von Ereignissen im Würfelspiel vergleichen

Anbahnende Kompetenzen:

- Gewinnchancen bei Ereignissen in verschiedenen Spielen einschätzen

5. Methodische Analyse

5.1. Einstieg

Nach der Begrüßung und der Verteilung aller Namensschilder erfolgt der Einstieg im Stuhlkreis. Dieser eignet sich sehr gut um Vorwissen der Schüler zu aktivieren und in einer gemeinsamen Diskussion zu vertiefen. Durch die Präsentation des Schaumstoffwürfels wird das Interesse der Kinder geweckt und diese haben dann die Gelegenheit kurz ihre Erfahrungen zu äußern. Dann soll versucht werden die „6" zu würfeln. Wegen der starken Bedeutung in Würfelspielen genießt diese Zahl bei vielen Kindern eine besondere Rolle. Durch diesen kurzen Impuls wird deutlich wie sehr abergläubische Gedanken in den Köpfen der Kinder verankert sind. Die gewonnenen Würfelergebnisse dienen dazu weitere Gespräche anzuregen. Kommt das Gespräch ins Stocken sollen provokante Aussagen neu animieren. Folgende Aussagen wären möglich:

- „Was ist die beste Zahl die man würfeln kann?"
- „Ist diese auch am schwersten zu würfeln?"
- „Wer ist gut im „6" würfeln?"
- „Wieso schafft er es und bei dir klappt es nicht?"
- „Bist du eine bessere ´Würflerin´?"

Danach werden die Kinder in bereits zugeordnete Gruppen eingeteilt, damit das Leistungsniveau der verschiedenen Gruppen ausgeglichen ist. Zur Gruppeneinteilung dienen Gewinnkarten mit farbigen Würfelabbildungen. Gleiche Farben kommen in eine Gruppe zusammen. Weitere Instruktionen erfolgen in der nächsten Phase.

Alternative: „Münze werfen"

Ein weiterer sehr guter Einstieg wäre das „Münze werfen". Durch den klaren einfachen Charakter der 50% Chance wäre es auch denkbar den Bezug zur Fairness im Sport aufzugreifen. Schiedsrichter werfen auch Münzen zur Entscheidungsfindung, weil diese Methode eine Chancengleichheit gewährleistet. Wegen fehlenden Erfahrungen mit der Wahrscheinlichkeit, der zeitlichen Begrenzung von 45min und keiner weiteren Möglichkeiten das Thema in folgenden Unterrichtsstunden fortzuführen, ist es nur verwirrend mehrere Versuchsobjekte einzubringen.

5.2. Arbeitsauftrag

Beim Arbeitsauftrag wird im Plenum ein „komisches Spiel" angesprochen, das gewisse Spielregeln hat, die sich jemand ausgedacht hat. Es soll in der Gruppe nacheinander gewürfelt werden. Jedes Kind spielt in jeder Runde mit, auch wenn es nicht würfelt. Trifft das Ergebnis der Augenzahl auf die eigene Gewinnkarte zu, so zieht der Gewinner einen Chip aus einem großen Pot. Die Gewinnchance der verschiedenen Gewinnkarten variiert stark. Im Gruppengespräch werden erste

Prognosen über die Tauglichkeit der Regeln gemacht. Womöglich verlangt ein Kind gleich eine neue, bessere Karte. Mit dieser Methode umgeht man spätere Einwände oder gar negative Empfindungen der Kinder, da mit manchen Gewinnkarten zu 0% gewonnen werden kann.

Alternative: Verzicht auf erste Prognosen

Denkbar wäre es auch ohne den ersten Vorgedanken gleich in das Spiel einzusteigen und die Reaktionen abzuwarten. Viele der Kinder werden vermutlich nicht in der Lage sein die Gewinnchancen der Karten ohne Ausprobieren einzuschätzen. Evtl. kommt dann Unmut auf wegen schlechter Ergebnisse. Aus diesem Grund soll im Gespräch die Möglichkeit gegeben werden vorab unsinnige Gewinnkarten auszusortieren.

5.3. Arbeitsphase

In der Arbeitsphase testen die Schüler durch einen spielerischen Charakter ihre Gewinnkarten. In ca. 15min sollen Chips gesammelt werden, die später eine große Aussagekraft für die Wahrscheinlichkeitszuordnung haben. Außerdem wird das Material zuerst dynamisch enaktiv im Spiel umgesetzt und dient in der Reflexionsphase als Veranschaulichung für Ergebnisse. Im Spiel wird die Möglichkeit offen gelassen Gewinnkarten der Kinder auszutauschen. Dafür wurden Ersatzkarten angefertigt, die bessere Gewinnchancen gewährleisten. Kommt es zum Stillstand des Spiels, weil eine Gruppe sehr schnell alle Chips verbraucht hat, wird die Reflexionsphase früher eingeläutet.

Alternative: Zufallsexperiment 30-mal Würfeln

Ein weiteres sehr aufschlussreiches Spiel ist das „Zufallsexperiment 30-mal Würfeln". Dabei handelt es sich um einen statistischen Versuch bei dem Ergebnisse an Hand einer Strichliste eingeordnet werden. Dadurch gewinnt man eine visuelle absolute Häufigkeitsverteilung. Geringe Versuchswiederholungen führen jedoch zu **‚representativeness heuristic'**. Dabei führen Kinder repräsentative Ergebnisse auf eine Allgemeingültigkeit zurück. Dominiert eine Zahl zufällig, so werden daraus falsche Schlüsse gezogen. Rechnet man alle Ergebnisse der Kinder zusammen, so würde die Anzahl den Zahlenraum der

---

Klasse 1 deutlich übersteigen. Sinnvolle Veranschaulichungen, wie Diagramme oder Piktogramme, wären notwendig, um dann das Ergebnis klar aufzuzeigen. Für solche Vorgehensweisen reicht eine Unterrichtsstunde vom 45min nicht aus. Deshalb wird am Ende der Stunde der Vorschlag gemacht das Zufallsexperiment über zwei Wochen durchzuführen und die Ergebnisse der Lehrerin auszuhändigen. Daraus können weitere Möglichkeiten entstehen am Thema anzuknüpfen. Das Experiment ist freiwillig.

5.4. Reflexion

Die Reflexion stellt einen sehr wichtigen Baustein für das Verständnis dar. Deswegen werden gewonnene Erfahrungen und Ergebnisse gemeinsam im Plenum durchgesprochen und an der Tafel mit Hilfe von großen Gewinnkarten und Papier-Würfelaugen veranschaulicht. Die Kinder dürfen sich melden und an Tafel durch Verschieben der Karten eine Rangliste erstellen. Papier-Würfelaugen visualisieren konkret die Anzahl der Gewinnzahlen. Besondere Ereignisse sollen diskutiert werden. Folgende Fragen können als Impulse hilfreich sein:

- „Welche Gewinnkarte ist besonders gut? Welche ist besonders schlecht?"
- „Wieso ist diese Karte die Beste?"
- „Wieso ist diese Karte die Schlechteste?"
- „Ist es leichter eine ´1´ als eine ´6´ zu würfeln?"

Durch das Einbringen einer neuen unbekannten Gewinnkarte wird ein neuer Impuls gesetzt, der sich dadurch auszeichnet, dass die Kinder ohne experimentellen Erfahrungen Vorhersagen treffen müssen. Zu dem kann noch einmal die ´6´ aufgegriffen werden, um zu testen, ob diese Zahl nach den gewonnenen Erfahrungen ihren irrtümlichen Charakter verloren hat.

Alternative: Veranschaulichung der Punkte

Eine weitere Möglichkeit zur Visualisierung ist die Zuteilung der erspielten Punkte. Setzt ein Kind die eigene Gewinnkarte an die Tafel, könnte es zusätzlich die Anzahl der gewonnenen Punkte daneben schreiben. Die Gefahr hierbei ist die heterogene Verteilung der Gewinnkarten. Jede Gruppe hat eine andere Konstellation der Gewinnkarten. In einer schwächeren Gruppe hätte eine Gewinnkarte besser Chancen sich „durchzusetzen". Durch diese Methode wären die Kinder zu sehr an die Menge der Punkte fokussiert und wären weniger offen für weitere Prognosen.

5.5. Hausaufgabe

Damit ein möglicher Anknüpfpunkt an die Wahrscheinlichkeit erreicht wird und um eine intrinsische Motivation für das Thema zu initiieren, werden Arbeitsblätter mit einem Experiment ausgeteilt. Über zwei Wochen sollen vier gleich Versuche ausgeführt und die Daten gesammelt werden (Versuchsablauf siehe Kapitel 5.3 Alternative). Die Hausaufgabe soll einen freiwilligen aber interesseweckenden Charakter haben → „Ein gemeinsames Forschungsprojekt". Je mehr sich daran beteiligen, desto besser ist die Gesamtaussage. Ergebnisse können von Frau Winkler   nach   Bedarf   aufgegriffen   und   vertieft   werden.

6. Unterrichtsskizze

Datum: 24.07.2012 Klasse: 1a Name: Herr Löffler (L₁)

Zeit: 09.40 – 10.20 Uhr

Thema: Wahrscheinlichkeit

Intentionen: • Wahrscheinlichkeiten von Ereignissen im Würfelspiel vergleichen

Zeit	Phase	geplantes Lehrerverhalten	intendiertes Schülerverhalten	Sozialform / Handlungsmuster	Medien
ca. 5 min	Begrüßung	• L₁ stellt sich und Frau Polreich vor und begrüßt die Klasse • Verteilen der Namensschilder	• Setzen sich in den Stuhlkreis	Stuhlkreis	
ca. 5 min	Einstieg	• L₁ präsentiert einen großen Schaumstoff-Würfel • „Gibt es eine sehr gute Zahl, die man würfeln kann?" • „Ist diese auch am schwersten zu würfeln?" • „Wer ist gut im „6" würfeln?" • „Wieso geht es bei ihm und bei dir nicht?" • Teilt fünf 4er Gruppen ein	• Geben ihre Meinung ab, welche Zahlen gewürfelt werden können • Berichten von bisherigen Vorerfahrungen • Probieren sich im Würfeln aus • Kommentieren ihre Würfe • Versuchen erste Erklärungen zu verbalisieren	Stuhlkreis + Unterrichts-gespräch	großer Schaumstoff-würfel

Unterrichtsentwurf Waldemar Löffler

13

Zeit	Phase	Lehrer-/Unterrichtsaktivität	Schüleraktivität	Sozialform	Medien
ca. 5 min	Arbeits-auftrag	• L₁ hat ein „komisches Spiel" dabei und erklärt die Arbeitsweise • Gemeinsam sollen die eigenartigen Spielregeln getestet und beurteilt werden	• Hören zu • Stellen gegebenenfalls Fragen • Geben erste Beurteilungen der Spielregeln • Evtl. werden Gewinnkarten ausgetauscht	Frontal	Gewinnkarten
ca. 15 min	Arbeitspha se	• L stehen den Kindern beratend zur Seite • Ggbfs. Gewinnkarten austauschen • Arbeitsphase wird mit Hilfe des Klangstabes beendet	• Führen das Spiel durch • Erfahren, welche Gewinnkarte die besten Gewinnchancen besitzt • Wünschen sich ggbfs. eine andere Gewinnkarte	Gruppenarbeit	Würfel Gewinnkarten Chips
ca. 10 min	Reflexion	• L₂: Welche Gewinnkarte ist besonders gut? Welche ist besonders schlecht? • Gewinnkarten werden gemeinsam an der Tafel geordnet • „Wieso ist diese Karte die beste?" • „Wieso ist diese Karte die schlechteste?" • „Ist es leichter eine „1" als eine „6" zu würfeln? • Präsentiert eine „neue" Karte, welche von einem Schüler eingeordnet werden soll	• Ordnen die Karten ihren Punkten gemäß • Berichten über ihre Erfahrungen, welche sie bei dem Spiel gewonnen haben • Versuchen die Ergebnisse zu erklären • Machen erste Vorhersagen ohne eine Karte zu testen	Plenum	Papier-Würfel mit Augen „1" bis "6" Gewinnkarten

Ca. 5 min	Freiwillige Hausauf- gabe	• Wer mal wirklich ausprobieren möchte, ob alle Zahlen gleichwertig sind, kann bei einem Forschungsexperiment mitmachen • 30x Würfeln und Ergebnisse in einer Strichlisten-Statistik festhalten • Evtl. gemeinsame Analyse in weiteren Unterrichtsstunden	• Geben das Arbeitsblatt durch • Führen das Experiment zu Hause durch • Geben Frau Winkler ihre Ergebnisse	Einzelarbeit	Experiment- Arbeitsblatt

7. Reflexion

7.1. Persönlicher Eindruck

Nachdem ich in der Nachbesprechung der letzten Unterrichtsstunde viele Ansatzpunkte zur Verbesserung bekommen habe, habe ich versucht, diese in meinem zweiten Unterrichtsversuch zu berücksichtigen. Ich denke es ist mir gelungen offener mit den Kommentaren und Gedanken der Kinder umzugehen. Außerdem entsprach der Schwierigkeitsgrad bei diesem Versuch deutlich besser dem Leistungsniveau der Klasse 1. Die Durchführung der geplanten Unterrichtsinhalte betrachte ich als gelungen. In den folgenden Punkten sind alle Verbesserungsmöglichkeiten aufgelistet.

7.2. Planung

Obwohl wir die Unterrichtsstunde sehr genau geplant haben, gab es doch einige Punkte, bei denen die konkrete Vorgehensweise noch besser überlegt sein könnte. Gruppenbildung ist eine Phase, die ich nicht unterschätzen möchte und bei der mir wertvolle Zeit verloren gehen kann. Arbeitsaufträge sollte ich konkret vorformulieren, damit die Ansagen präziser auf den Punkt treffen und Kinder nicht abschweifen.

7.3. Lehrer-Schüler-Interaktion

Durch die Erfahrungen in dieser Stunde ist mir deutlich geworden, dass ich mehr Geduld im Gespräch mit den Kindern haben muss. Fragen, die zu eng gestellt sind, beschleunigen zwar den Unterricht, haben aber keinen bleibenden Effekt für die Schüler. In dem ich mehr auf die Fragen der Schüler eingehe, kann ich tiefer aus ihren Vorstellungen schöpfen und dadurch besser anknüpfen. Außerdem ist mir klar geworden, dass neben aller Freundlichkeit auch eine Nachdrücklichkeit wichtig ist. Freiwillige Aufgaben werden nicht erledigt und Hausaufgaben sollen lieber einen herausfordernden und motivierenden Charakter haben.

7.4. Medieneinsatz

Im Bereich der Medien habe ich mir vorgenommen weiterhin unterschiedliche Dinge auszuprobieren, um mit darüber bewusst zu werden, welche Hilfsmittel unterstützend sind und welche nur verwirren. In diesem Unterricht war der Medieneinsatz zwar gut gewählt, trotzdem gibt es Punkte, die ich in Zukunft berücksichtigen möchte. Medien, die bereits genutzt wurden und keinen helfenden Charakter mehr für die nächsten

Phasen haben, sollten entfernt werden, weil sie sonst von den Kindern anderweitig verwendet werden und den Unterricht stören bzw. die Kinder ablenken.

Medien, die als Signale verwendet werden, möchte ich in nächsten Stunden nutzen und ausprobieren. Des Weiteren ist mir bewusst geworden, dass eine korrekte Verwendung der Signale enorm wichtig ist. Beginnt man gleich nach dem einläuten des Signals mit dem Sprechen, geht der Effekt unter und die Kinder warten nicht, bis es ruhig ist. Läutet man zu oft ohne abzuwarten, verliert das Signal seine Wirkung.

7.5. Lehrerauftreten

Im Bereich meiner Lehrerpersönlichkeit und meinem Auftreten möchte ich mich mit folgenden Punkten befassen:

7.5.1. Körpersprache

Da ich verstanden habe, dass eine offene und herausfordernde Kommunikation sehr wichtig ist, werde ich versuchen meine Mimik und meinen Körper dazu einzusetzen, dass Schüler gefordert und animiert werden. Disziplinare Anmerkungen gegenüber den Schülern können ebenfalls durch Mimik eingesetzt werden.

7.5.2. Sprechweise

Trotz meiner Bemühung klarer und langsamer zu sprechen, ist es mir nicht ganz gelungen die Hektik in meiner Stimme herauszunehmen. Folglich möchte ich an meiner Sprech- und Ausdrucksweise arbeiten. Vor allem in Kontakt mit sehr jungen Kindern ist dies sehr wichtig, damit auch komplizierte Inhalte des Mathematikunterrichts verstanden werden.

7.6. Nächste Stunde

Für die nächste Stunde nehme ich folgende konkrete Punkte in Angriff:

- Langsame und gut gewählte Sprechweise
- Öffnung für Schülervorstellungen
- Herstellung von Ordnung durch klare Ansagen und Medien

8. Literaturangaben

8.1. Literaturquellen

Bildungsplan: Ministerium für Kultus, Jugend und Sport Baden-Württemberg (Hrsg.) (2004): Bildungsplan 2004. Grundschule. Villingen-Schwenningen: Neckar-Verlag.

KMK (2004): Bildungsstandards im Fach Mathematik für den Primarbereich. Beschluss der Kultusministerkonferenz vom 15.10.2004.

Schipper, Wilhelm (2009): Handbuch für den Mathematikunterricht an Grundschulen. Braunschweig: Schroedel Schulbuchverlag.

Schnell, Susanne (2011): Wahrscheinlichkeitsmuster in Daten finden. „Je höher die Zahlen, desto weniger Bewegung". Aulis-Verlag.

Wagner, Anke (2011): Selbststudium vom 16.11.11. Schülervorstellungen zu Wahrscheinlichkeit.

Wissen Sofort (2004): Handbuch für Mathematik. Für Schule und Berufsalltag. Tandem Verlag.

8.2. Internetquellen

Böhm, Ingolf (2006): Stochastik. http://www.bkonzepte.de/mathe/wStochastik.pdf (19.07.2012).

Henke, Dietmar: Wahrscheinlichkeit. http://www.henked.de/begriffe/wahrscheinlichkeit.htm. (19.07.2012).

9. Anhang

Kombinatorik û

Die Berechnung von Wahrscheinlichkeiten ist sehr häufig mit kombinatorischen Problemen verknüpft. Eine alte Frage ist die nach der Wahrscheinlichkeit, sechs Richtige im Lotto zu gewinnen. Um solche Fragen lösen zu können, muss man mindestens die folgenden drei Aussagen verstanden haben, in denen zwei positive natürliche Zahlen n und k vorkommen mit der Eigenschaft, dass *k immer kleiner oder gleich n* ist. Die Aussagen lauten:

(1)	n paarweise verschiedene Dinge kann man auf n! verschiedene Arten anordnen.
(2)	Aus n paarweise verschiedenen Dingen kann man *unter Berücksichtigung der Reihenfolge* k Dinge auf $n \cdot (n-1) \cdot (n-2) \cdot (n-3) \cdot \ldots \cdot (n-k+1)$ verschiedene Arten auswählen.
(3)	Aus n paarweise verschiedenen Dingen kann man *ohne Berücksichtigung der Reihenfolge* k Dinge auf $n \cdot (n-1) \cdot (n-2) \cdot (n-3) \cdot \ldots \cdot (n-k+1)/k!$ verschiedene Arten auswählen.

Hierbei ist der Ausdruck n! (n **Fakultät**) wie folgt definiert:

$$n! = 1, \text{ wenn } n = 0;$$
$$(n+1)! = n! \cdot (n+1) \text{ sonst}$$

Zum Beispiel ist $3! = 1 \cdot 2 \cdot 3 = 6$ oder $5! = 1 \cdot 2 \cdot 3 \cdot 4 \cdot 5 = 120$.

Für den komplizierten Ausdruck, der in der Aussage (3) vorkommt, gibt es eine abkürzende Bezeichnung. Man nennt diesen Ausdruck **Binomialkoeffizient von n über k.**

$$\binom{n}{k} = \frac{n \cdot (n-1) \cdot (n-2) \cdot (n-3) \cdot \ldots \cdot (n-k+1)}{k!}$$

Man kann hierfür auch **binomial(n, k)** schreiben.

Für den Fall k = 0 wird für alle natürlichen Zahlen n speziell definiert, dass Folgendes gelten soll:

$$\binom{n}{0} = 1$$

Nachweis zur Henkequelle.

Zufallsexperimente

Zufallsexperimente sind Versuche,

- die beliebig oft wiederholbar sind (unter den exakt gleichen Bedingungen),
- die mindestens zwei mögliche Ergebnisse haben und
- deren Ergebnisse vor der Versuchsdurchführung nicht genau vorhergesagt werden

können.
Die bekanntesten und beliebtesten aller bekannten Zufallsexperimente sind

- Münzenwurf
- Würfelwurf
- Lottospielen
- Roulette

Diese Beispiele (Münzwurf, Würfeln, Lotto, Roulette) sind deshalb die bekanntesten,

- weil sie jeder kennt,
- weil sie leicht durchzuführen sind,
- weil die Chancen, für alle möglichen Ereignisse gleich groß sind einzutreten und
- weil sie daher mathematisch leicht zu beschreiben und zu bearbeiten sind sind.

Beginnen wir deshalb mit diesen Beispielen:

Nachweis zu Böhm.

Experiment

1 **Aufgabe:** Würfel 30-mal und mache zu den Ergebnissen eine Strichliste.

1. Versuch

Hinweis: Streiche nach jedem Würfeln die Zahl deines Würfelversuchs durch.

1	2	3	4	5	6	7	8	9	10	11	12	13	14	15	16	17	18	19	20	21	22	23	24	25	26	27	28	29

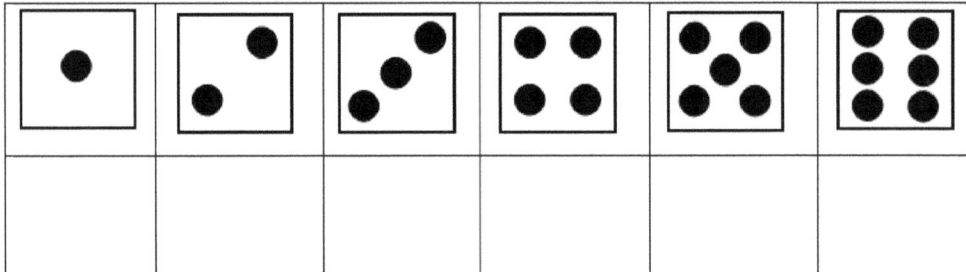

2. Versuch

1	2	3	4	5	6	7	8	9	10	11	12	13	14	15	16	17	18	19	20	21	22	23	24	25	26	27	28	29

3. Versuch

1	2	3	4	5	6	7	8	9	10	11	12	13	14	15	16	17	18	19	20	21	22	23	24	25	26	27	28	29	30

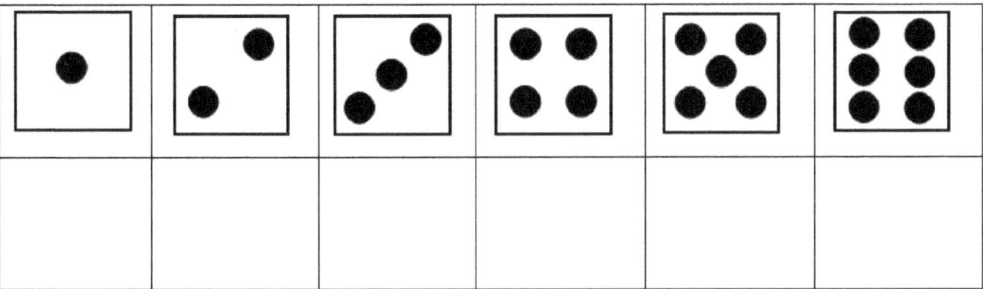

4. Versuch

1	2	3	4	5	6	7	8	9	10	11	12	13	14	15	16	17	18	19	20	21	22	23	24	25	26	27	28	29	30

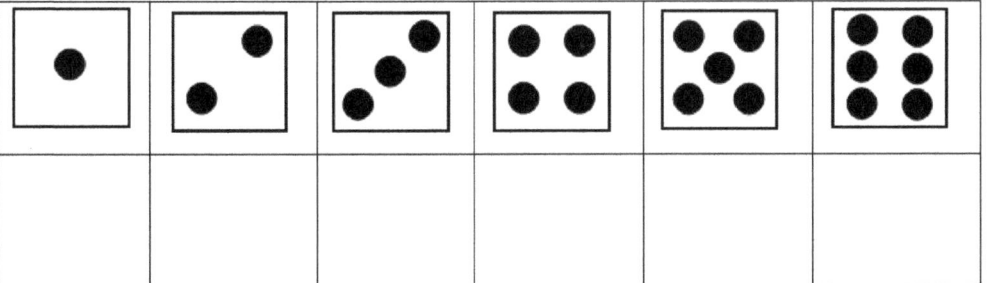

Gewinnkarten

Du gewinnst immer bei einer 3 oder 4.	Du gewinnst, wenn die Zahl kleiner als 7 ist.
Du gewinnst immer bei einer 1.	Du gewinnst immer bei einer 0.
Du gewinnst immer bei einer geraden Zahl.	Du gewinnst immer, wenn die Zahl kleiner als 4 ist.
Du gewinnst immer bei einer 2 oder 5.	Du gewinnst immer bei einer 6.

Papierwürfel für Reflexion

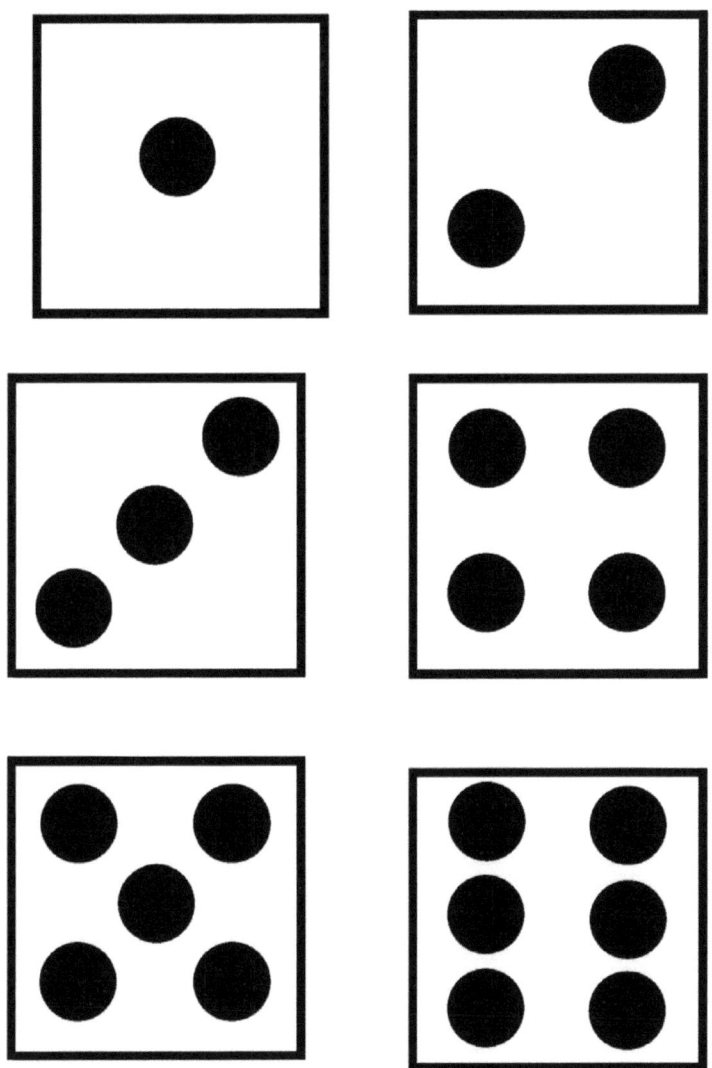